Shinnie's house

Shinnie の Love

Shinnie の Love

手作生活布調

27 款可愛感滿點の
貼布縫小物 collection

Preface

永保一顆熱愛貼布縫的赤子之心

回首，

接觸拼布已有十八年了呢！

累積的作品當然可觀，

翻出早期作品，看著也會哈哈大笑（甜蜜回憶），

手作沒有美醜，是生活的經歷記錄，

早期也是從模仿開始，再漸漸學習自己構圖、配色，

創作來源不外乎從生活取材，

閒逛時，發現一款心儀的包：「嗯——要記下來，下回試作看看。」

品味著咖啡，看著路過的人群，突然出現讓你會心一笑的畫面（好幸福啊！）

在書店翻閱他人著作時，內心所產生的共鳴（有同感耶！）

這些都是創作的來源，

記得要一一記錄下來喔！

累積多了，夠熟稔了，對你來說，創作就是輕而易舉的事。

每每一件作品的完成，都是心血的累積，

從款式到構圖再到配色，最後製作完成，

沒有一個環節是不用傷腦筋的（難怪白頭髮愈來愈多～嗚！），

當然，這反覆的過程，也都是享受——

享受著構圖時，畫面的美好，

享受著配色時，心情的美麗，

享受著壓線時，心寧的平靜，

享受著組合時，期待的喜悅，

這些感受，是置身在手作世界的你們，所能體會與共鳴的吧！

最後，衷心的感謝雅書堂團隊的支持與愛護，

暌違三年的新書，順利出刊，

這次換了東家也換了團隊，

唯一不變的是 Shinnie 的拼布風格，

一樣的簡單易懂，

一樣的可愛溫馨，

單純的期許，

在你我的身邊，為大家創造出點點的幸福回憶，

一路走來，始終如一，

相信大家也跟 Shinnie 一樣，

永遠保持著一顆熱愛貼布縫的赤子之心♥

Shinnie

網路作家
巧手易雜誌連載專欄作者

著作

2009 年《Shinnie 的布童話》（首翊出版）
2011 年《Shinnie 的手作兔樂園》（首翊出版）
2013 年《Shinnie 的精靈異想世界》（首翊出版）
2016 年《Shinnie の手作生活布調：27 件可愛感滿點の
　　　　貼布縫小物 Collection》（雅書堂文化出版）

經營

Shinnie's Quilt House：台北市永康街 23 巷 14 號 1 樓
部落格：http://blog.xuite.net/shinnieshouse/twblog
粉絲頁：https://www.facebook.com/ShinniesQuiltHouse
購物網：http://www.shinniequilt.com/

Contents

Preface ···P.002

Chapter 1　Shinnie's happiness ·······················P.006

恭喜發財娃娃
萬用包

縫紉女孩
萬用卡夾套

玩偶女孩
萬用卡夾套

啦啦隊女孩
口金包

愛心公主
鑰匙包

禮物小兔
鑰匙包

花樣年華娃娃
口金包

陽光少年
口金包

冰淇淋女孩
隨身包

甜點派對娃娃
雙層隨身包

雪屋娃娃
雙層口金包

好朋友同樂會
袋中袋隨身包

南瓜小魔女
袋中袋隨身包

女孩與貓咪
口金包

馬戲團
直立式筆袋

P.032

樹下童話
直立式筆袋

P.034

耶誕派對娃娃
長夾包

P.036

繽紛耶誕精靈
口金包

P.038

草莓娃娃與喜羊羊
側背包

P.040

貓頭鷹的幸福回憶
肩背包

P.042

幸福滿點烘焙娃娃
側背包

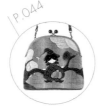

P.044

萬聖節魔女派對
口金包

P.046

祝福滿載的耶誕娃娃
側背包

P.048

西瓜娃娃＆貓咪
小壁飾

P.050

擁抱愛的小兔
室內拖

P.052

幸福娃娃
八角星抱枕

P.054

幸福鄉村娃娃
壁飾

Chapter 2 | Shinnie's life
我心中的Shinnie's House P.056
Chapter 3 | Shinnie's 布作小教室 P.064

Chapter 1

Shinnie's happiness

以耐心與針線相處，

伴著溫柔生活布調，

就是我最幸福的手作時光。

1

Happy new year

<h1>恭喜發財娃娃
萬用包</h1>

鞭炮聲轟隆隆，不忘提醒自己，
懷抱感恩的心，迎接新的一年來到。

 HOW TO MAKE／P.75　 紙型／A面

2
Sewing girl

縫紉女孩
萬用卡夾套

傾心享受手作慢活，與針線共伴的時刻，最能讓人平靜下來。

HOW TO MAKE／P.76至P.77　　紙型／A面

3

My sweet doll

玩偶女孩
萬用卡夾套

喜歡靜靜抱著你，
聽音樂，看看書，在我們的小宇宙，一起作夢。

HOW TO MAKE／作法請參考P.76至P.77　　紙型／A面

4
Cheer up

啦啦隊女孩
口金包

Dear my friend，需要我的時候，
我會一直在這裡，為你加油！

📖 HOW TO MAKE／P.78至P.79　　✂ 紙型／A面

5

Lovely key bags

6

5　愛心公主鑰匙包
6　禮物小兔鑰匙包

親愛的，為鑰匙包作個可愛的外衣吧！
讓自己每天回家，都有滿滿的元氣！

HOW TO MAKE／P.80　　紙型／A面

花樣年華娃娃
口金包

揀個晴朗的日子，到花園摘束小花，
送給我最親愛的朋友，祝你開心！

HOW TO MAKE／P.82至P.83　　紙型／A面

1

陽光少年
口金包

Moving on！隨時隨地，
保持開朗樂觀的心情，迎接每一天的新挑戰！

HOW TO MAKE／作法請參考P.82至P.83 　紙型／A面

8

9 Ice cream girl

冰淇淋女孩
隨身包

我最喜歡冰淇淋，一口接一口，
讓人欲罷不能，就像你的甜蜜。

📖 HOW TO MAKE／P.84至P.85　✂ 紙型／A面

B

甜點派對娃娃
雙層隨身包

歡迎來到，我的甜點派對，
我們一起來作杯子蛋糕吧！

HOW TO MAKE／P.86至P.87 紙型／A面

11
Snow house

雪屋娃娃
雙層口金包

白雪覆蓋在屋頂的樣子，好美，
讓我想起那年冬天，與你一起的美好回憶。

 HOW TO MAKE／P.88至P.89　　 紙型／A面

12

Good friends

好朋友同樂會
袋中袋隨身包

手拉手，排排坐，
準備好喜歡的零食，屬於好朋友的同樂會開始囉！

HOW TO MAKE／作法請參考P.90至P.91　　紙型／B面

13

南瓜小魔女
袋中袋隨身包

可愛的南瓜小魔女,只需要一枝魔法棒,
輕輕一點,就能帶來幸福的力量!

HOW TO MAKE／P.90至P.91　紙型／B面

14

女孩與貓咪
口金包

沮喪的時候，只需要牠靜靜的陪伴，
心中的烏雲就會散去，謝謝你，我親愛的貓咪朋友。

HOW TO MAKE／作法請參考P.78至P.79　　紙型／A面

15
Circus diary

馬戲團
直立式筆袋

超人氣的馬戲團表演來囉！
今天是什麼好戲要上場呢？請跟我一起期待吧！

HOW TO MAKE／P.92至P.93　紙型／A面、B面

16
Fairy tale

樹下童話
直立式筆袋

打勾勾，請記得，
那時的我們，在樹下有個幸福的約定喔！

HOW TO MAKE／作法請參考P.92至P.93 　紙型／B面

17
Christmas party

耶誕派對娃娃
長夾包

耶誕樹下的禮物，盡是滿滿的祝福心意，
溫暖了冬天，也溫暖了每一個朋友。

HOW TO MAKE／P.94至P.95　　紙型／A面

18
Christmas genius

繽紛耶誕精靈
口金包

精靈帶著幸福魔法杖，與她的鳥兒好朋友，
祝福大家許下的心願，都能在新的一年實現！

HOW TO MAKE／P.96至P.97　　紙型／B面

19
Sweet couple

草莓娃娃與喜羊羊
側背包

甜美的草莓娃娃，最愛打著領帶的喜羊羊，
親愛的，今天的工作也要加油喲！

HOW TO MAKE／P.98至P.99 紙型／B面

20
Happy
memories

貓頭鷹的幸福回憶
肩背包

你總是陪我讀書，寂寞時一起唱歌，
下雨天就聽輕音樂，美好的回憶都有你。

HOW TO MAKE／P.100至P.101　　紙型／B面

21
Baking time

幸福滿點烘焙娃娃
側背包

香噴噴的蛋糕出爐囉!
星期日就是要與好朋友一起共度,
我最喜歡的烘焙時間。

HOW TO MAKE／P.102至P.103　　紙型／C面

22
Halloween
magic

萬聖節魔女派對
口金包

坐在願望樹上的小魔女，抱著神奇南瓜，
要把幸運魔力，都發送給懷有夢想的人。

HOW TO MAKE／P.104至P.105　　紙型／C面

23
Love gifts

祝福滿載的耶誕娃娃
側背包

叮叮噹！白色耶誕節悄悄來到，
你的問候，是我最想收到的禮物。

HOW TO MAKE／P.106至P.107　紙型／C面

24
Summer
life

西瓜娃娃 & 貓咪
小壁飾

小貓咪！每到夏天，
就要吃上一大顆西瓜對吧？ C'est la vie！

HOW TO MAKE／P.81　　紙型／B面

25
Love hug

擁抱愛的小兔
室內拖

只要和你在一起,就算發呆,
也覺得空氣都是甜的,我親愛的小兔兔。

 HOW TO MAKE／P.108至P.109 ✂ 紙型／C面

26

My happiness

幸福娃娃
八角星抱枕

最喜歡和你一起，靜靜坐在沙發，
享受看著電視，不被打擾的幸福時光。

HOW TO MAKE／P.110至P.111　紙型／B面

27

Happy country girl

幸福鄉村娃娃
壁飾

我將貼布縫日記，寫在可愛的壁飾上，
不忘描繪夢想，也記錄我最愛的手作生活。

HOW TO MAKE／P.112至P.113　　紙型／C、D面

Chapter 2

Shinnie's life

每每到店裡，

看著自己一件件的手作，

雖然擺在櫥窗中，

卻依舊有著療癒的效果，

看著看著，

不自覺又充滿著對手作的熱情……

我心中的 Shinnie's House

從開業以來，

對外，就賦予它是間展示空間的概念，

每每到店裡，

看著自己一件件的手作，

雖然擺在櫥窗中，

卻依舊有著療癒的效果，

看著看著，

不自覺又充滿著對手作的熱情。

店裡除了作品展示之外，

也是我設計圖稿及配色的空間，

靈感湧現時，

趕緊拿出紙筆，

將心中想法一一畫下，

成就了日後作品的誕生。

偶爾,

挑出一件最有感的作品,

就在空間中,

練習取景拍照。

偶爾，

我會將作品從櫥窗中移至戶外，

有些掛牆面，

有些掛樹梢，

或坐或站，

隨意擺放，

讓作品透透氣，

讓陽光滋潤一下，

就像是在辦場小型戶外作品展。

我還在練習著,

等時機成熟時,

一定會開展,邀請大家與我分享,

相信那時,

你我又會重新燃起對手作的熱情!

基本縫法

- 作法中用到的數字單位為cm。
- 拼布作品的尺寸會因為布料種類、壓線的多寡、鋪棉厚度及縫製者的手感而略有不同。
- 拼接布片的縫份為0.7cm（有些作品為1cm）、貼布縫布片則另加0.3至0.4cm左右的縫份。

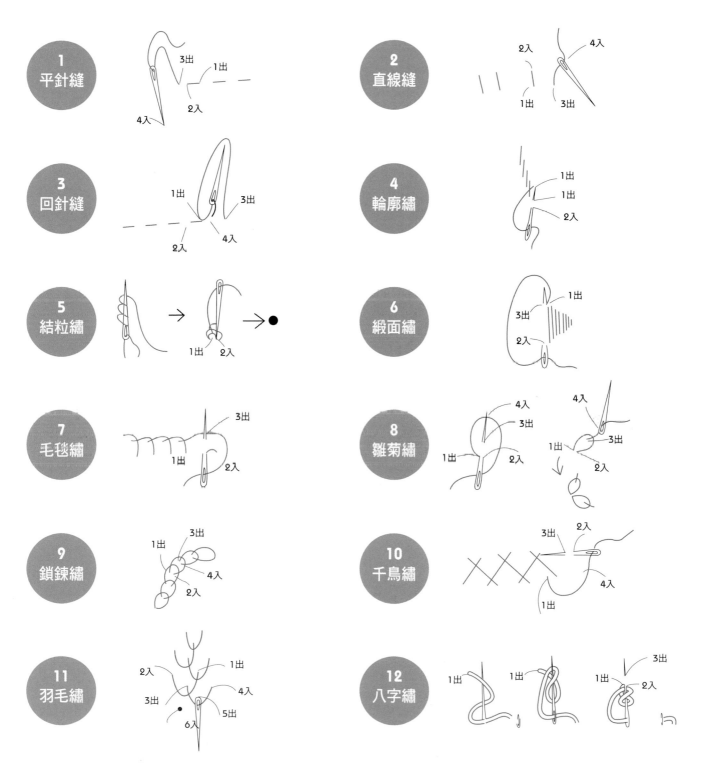

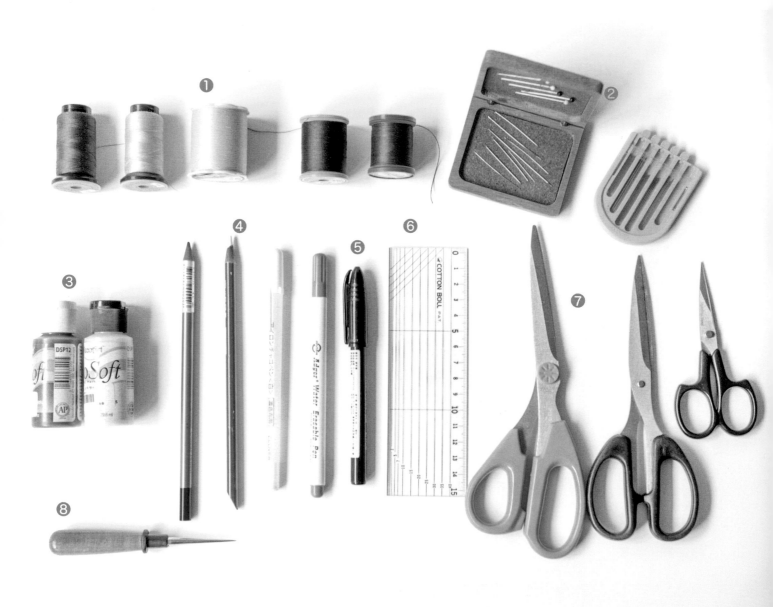

常用工具
&材料

❶ 各式縫線　　❺ 奇異筆

❷ 珠針、手縫針　❻ 裁尺

❸ 壓克力顏料　　❼ 各式剪刀（裁布用‧剪線用）

❹ 各式水消筆　　❽ 錐子

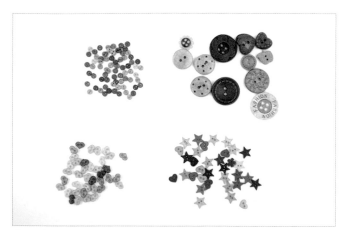

常用造型釦子

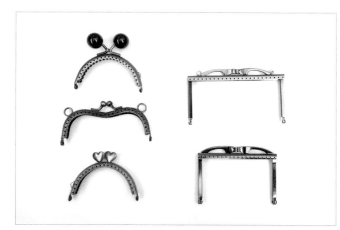

各式口金框

常用先染布

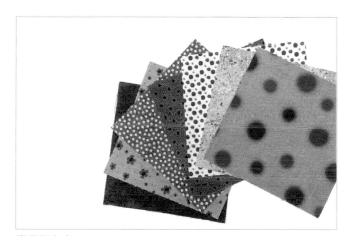

常用配色布

不同尺寸的拉鍊

貼布縫

① 將娃娃圖案描繪在塑膠片上。

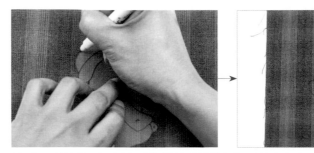

② 剪下娃娃版型，以水消筆描繪娃娃外框版型於底布上。

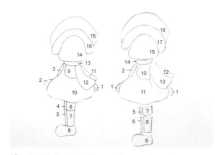

③ 版型依貼布縫順序一一剪開。

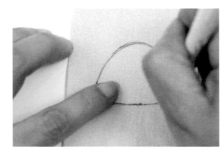

④ 以水消筆將貼縫版型一一描繪在各色貼布布片上。

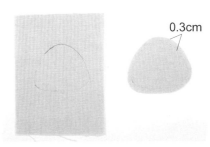

0.3cm

⑤ 外框縫份0.3cm，將貼布布片一一剪好。

 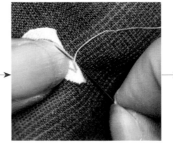 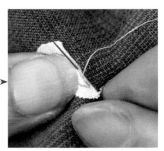

⑥ 依貼布縫順序，縫份內摺開始進行圖案貼縫。

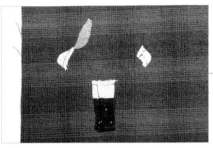  

7 縫份不需內摺貼縫的地方，均需以平針縫固定。

8 弧度處需剪牙口。

 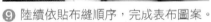  

9 陸續依貼布縫順序，完成表布圖案。

10 完成。

娃娃眼睛
&腮紅上色

❶ 以錐子沾上黑色壓克力顏料，點上黑眼球。

❷ 取白色壓克力顏料，點上白眼球。

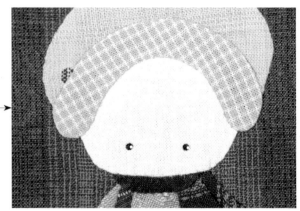

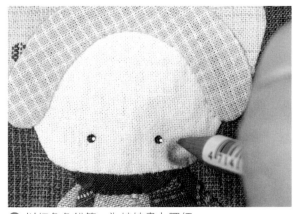

❸ 以紅色色鉛筆，為娃娃畫上腮紅。

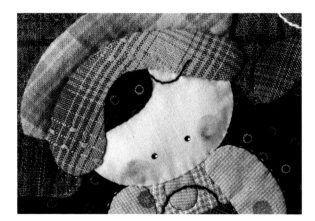

娃娃頭髮

● 依不同款式的毛線，可作出不同風格的娃娃頭髮，隨心所欲的依你的喜好製作吧！

髮型示範 I

❶ 取適當長度的娃娃毛線頭髮。　　❷ 由底布起針，以平針縫固定。

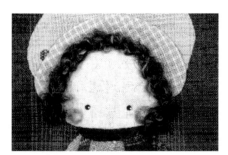 

❸ 娃娃頭髮固定完成。　　❹ 縫上造型鈕釦子。

髮型示範 II　　　　　　　　　　**髮型示範 III**

 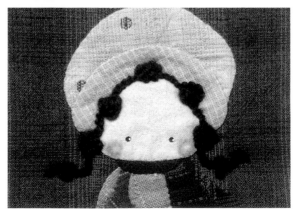

選用不同捲度及質感的毛線，就能作出不同風格的髮型，請務必試試看喲！

拉鍊縫製

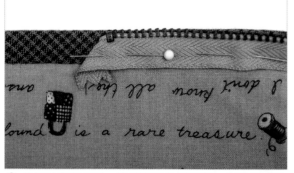

❶ 拉鍊片對齊布邊，拉鍊布邊內摺三角，以珠針固定。

❷ 沿拉鍊布上的第一條布紋線為基準，進行回針縫合。

❸ 三角縫份內摺以藏針縫固定。

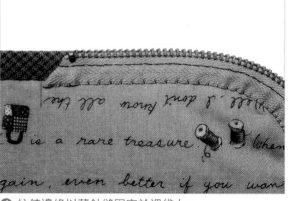

❹ 拉鍊邊緣以藏針縫固定於裡袋上。

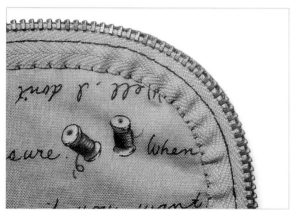

❺ 縫到弧度處時，藏針縫針距要縮小，較不易產生皺褶。

口金縫製

❶ 作出中心點記號線，於布包及口金中心點出針。

❷ 第一針由裡袋入針，表袋出針。

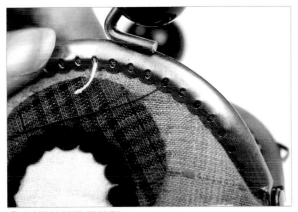

❸ 以回針縫進行縫製。

❹ 最後一針，由表袋出針，再回一針。

❺ 將線頭藏入裡袋。

❻ 縫口金小技巧：回針縫採點進點出（針距0.1cm），使裡袋縫線呈點狀。

滾邊製作

❶ 裁剪45度角斜布條。

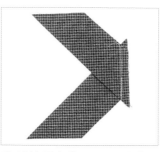

❷ 滾邊長度接合，正面相對，縫份疊合，0.7cm縫份縫合。

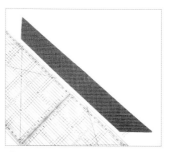

❸ 畫上0.7cm縫份記號線。

❹ 找出滾邊起始位置，通常會以底部為起點，外摺0.7cm，開始接縫。

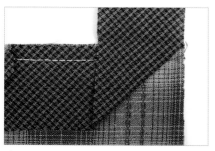

❺ 接縫遇直角時，留0.7cm不縫合，需進行回針縫，向上摺出45度角。

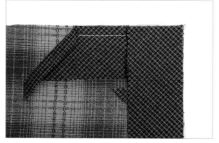

❻ 向下滾邊貼合布邊，從頭開始0.7cm縫份縫合。

❼ 表袋呈現直角的樣子。

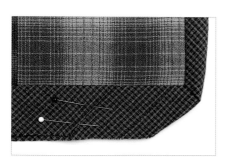

❽ 滾邊頭尾接合時需重疊3cm，正面重疊處以藏針縫縫合。

❾ 滾邊縫份內摺，以藏針縫縫合。

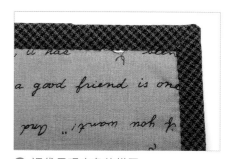

❿ 裡袋呈現直角的樣子。

P.8 恭喜發財娃娃萬用包

完成尺寸：21cm（寬）×10.5cm（高）　　　紙型／A面
縫份說明：紙型已含滾邊縫份，未滾邊的縫份（夾車拉鍊縫份）均需外加。

材料	
• 前片表布 ×1	• 裡布 ×1
• 後片表布 ×1	• 布襯 ×1
• 兩側滾邊布 ×1	• 繡線 ×2
• 下側滾邊布 ×1	（米白色＋咖啡色）
• 貼布配色布 ×15	• 造型釦子 ×2
• 鋪棉 ×1	• 娃娃頭髮 ×1
• 胚布 ×1	• 18 cm 拉鍊 ×2

❶ 依紙型裁剪前、後片表布（縫份可多預留一些）及貼布用布（縫份需外加），並依貼布縫順序完成前片表布圖案。

❷ 前表布與後表布分別，將表布＋鋪棉＋胚布、三層疊合進行壓線（壓線：圖案進行落針壓線，後片可壓直紋、橫紋或圓形），並依圖示完成回針繡、結粒繡（2股繡線）及縫上娃娃頭髮、造型釦。

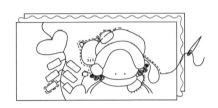

❸ 依紙型裁剪前、後片裡布（尺寸：21cm×11cm×2）及布襯（尺寸：21 cm×10.3cm×2），裡布燙上布襯，另並裁剪另一片裡布，裡袋b（隔層用布），尺寸：21cm×22cm）。

❹ 夾車拉鍊（拉鍊方向由左至右），有圖案的前片表袋與裡袋先夾車拉鍊，夾車拉鍊時可以水溶性雙面膠作為固定，單邊夾車完成，修剪鋪棉縫份，翻至正面整燙，另一邊（沒貼圖的後片表袋）夾車拉鍊時，表袋與裡袋a及裡袋b（隔層用布）需先對摺完成，開口朝下，尺寸為21cm×11cm，圖案面朝外，將裡袋b置於表袋及裡袋a的中間，（夾車順序為表袋＋拉鍊＋裡袋b＋裡袋a），表袋及裡袋a圖案面朝內夾車拉鍊，拉鍊夾車完成後，修剪鋪棉縫份，翻至正面並進行整燙。

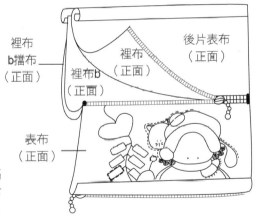

裡布b擋布（正面）
裡布b（正面）
裡布（正面）
後片表布（正面）
表布（正面）

❺ 拉鍊夾車完成後，先將有貼布圖案的表袋與裡袋a＋b（裡袋隔層）（表布＋鋪棉＋胚布＋裡袋a＋布襯＋裡袋b，共七層）下緣縫上0.7cm滾邊布，另一側後片表袋及裡袋（表布＋鋪棉＋胚布＋裡袋a＋布襯共五層）下緣縫合0.7cm滾邊，分別完成兩側下緣開口處滾邊，縫上拉鍊，左右兩側縫上0.7 cm滾邊，萬用包即完成。

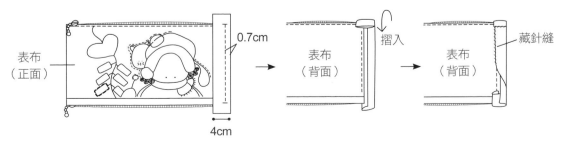

表布（正面）　0.7cm　4cm
表布（背面）　摺入
表布（背面）　藏針縫

P.10 縫紉女孩萬用卡夾套

完成尺寸：（袋蓋）13cm×19cm
　　　　　（袋身）14.5cm×20.5cm　　　　紙型／A面
縫份說明：袋蓋紙型未含縫份均需外加，後片拉鍊紙型已含滾
　　　　　邊縫份，裡袋夾層尺寸未含縫份均需外加，貼布圖
　　　　　案縫份均需外加。

❶ 袋蓋製作：依紙型（有圖案紙型為袋蓋紙型圖）裁剪袋蓋底布，依圖示位置及貼布縫順序完成袋蓋圖案。

❷ 將袋蓋表布＋鋪棉（不含縫份）＋胚布三層疊合進行壓線（依圖示），並依圖示縫上娃娃頭髮，完成繡圖（2股），縫上造型釦，袋蓋表布完成，依袋蓋紙型尺寸裁剪一片裡袋布（縫份外加），再與完成袋蓋表布正面相對，上開口處不縫合，車縫冂字形，下緣弧度剪牙口，將正面翻出，整燙後將開口處0.5cm以平針縫縫合。

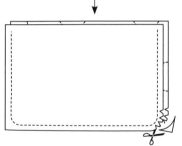

❸ 裁剪夾層布及布襯（布襯不加縫份），裡布燙上布襯，再依夾層尺寸圖示燙摺夾層，燙摺好的夾層口緣每一層均需壓一道0.1cm裝飾線，再找出中心點由上至下再壓一道裝飾線，另裁剪一片裡袋布（尺寸：14.5cm×20.5cm），與燙摺完成的夾層布背面相對，四周以平針縫合一圈暫時固定，將貼圖袋蓋中心點與夾層口袋上緣中心點對齊（以平針縫暫時固定），完成上緣一字形0.7cm滾邊為前表袋。

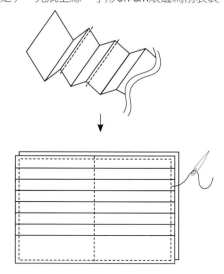

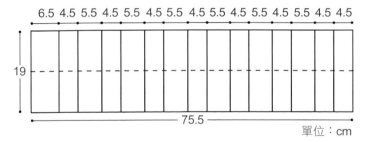

【夾層尺寸圖】

※四周需外加0.7cm縫份。

※卡片夾完成含縫份尺寸：↕14.5cm×↔20.5cm

6.5 4.5 5.5 4.5 5.5 4.5 5.5 4.5 5.5 4.5 5.5 4.5 5.5 4.5 4.5

19

75.5

單位：cm

❹ 製作後片拉鍊口袋：依紙型裁剪後背布（上尺寸：9cm×20.5cm，下尺寸：20cm×20.5cm），裁剪布襯（上尺寸：4.5cm×19cm，下尺寸：10cm×19cm），後背布燙上布襯再對摺成（上尺寸：4.5cm×20.5cm，下尺寸：10cm×20.5cm），完成單邊滾邊（上及下），滾邊處縫上拉鍊，另裁剪一片裡袋布（尺寸：29cm×20.5cm），對摺成（尺寸：14.5cm×20.5cm）背面相對，再與已縫合完成的拉鍊口袋四周以平針縫縫合一圈，完成上緣一字形0.7cm滾邊作為後表袋。

❺ 將單獨完成滾邊的前、後表袋背面相對，上滾邊處先縫上拉鍊，再完成周圍ㄇ字形滾邊，實用的卡夾套即完成。

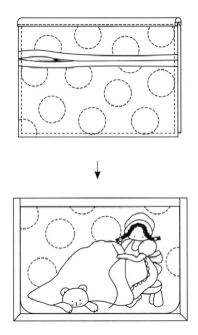

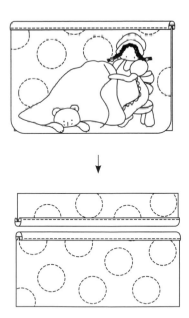

P.14 啦啦隊女孩口金包

完成尺寸：10.5cm×13cm（最寬）　紙型／A面
縫份說明：紙型為完成尺寸，縫份均需外加。

材料	
• 表布 ×1（前、後片）	• 裡布 ×1
• 貼布配色布 ×12	• 布襯 ×1
• 鋪棉 ×1	• 8.5cm 口金 ×1
• 胚布 ×1	• 繡線 ×1（米白色）

❶ 依紙型裁剪表布（前、後片相同紙型）及各色貼布
縫（縫份均需外加），再依圖示貼布縫順序完成表
布圖案。

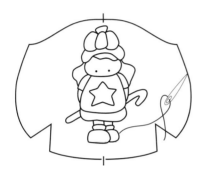

❸ 依紙型裁剪裡布（前、後片同紙型）及布襯（前、
後片，布襯不留縫份），裡布燙上布襯，完成袋身
打褶縫製。

❷ 將表布＋鋪棉＋胚布三層疊合進行壓線（前、後片
分別完成），貼布部分可進行落針壓線，後背部壓
線依喜好即可（壓圓形或線條），前、後表布壓線
完成後，依圖示完成繡圖及完成袋身打褶縫製。

④ 將前片壓線完成的表布與燙上布襯的裡布正面相對，弧度開口縫合止點至止點，後片表布與裡布作法一樣，修剪縫份（鋪棉縫份全修掉），弧度部分剪牙口，攤開成一整片，前、後表袋正面相對組合袋身至止點。裡袋作法相同。正面相對組合袋身至止點，組合裡袋時，袋底需留6cm不縫合作為返口。

⑤ 組合成袋後，修剪周圍縫份，鋪棉縫份全修掉，袋身弧度部分剪牙口，再從裡袋預留的返口將正面翻出，整燙後，再將返口以捲針縫縫合，袋身組合完成，完成口金縫製。

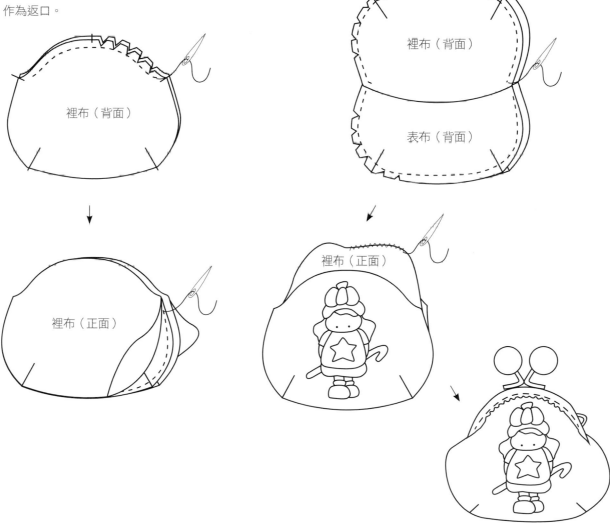

P.16 愛心公主鑰匙包

完成尺寸：12.5cm×10cm　　　　　　　　紙型／B面

縫份說明：紙型有標示縫份的部分為已含縫份，底部未標縫份均需外加，貼布縫圖案未含。

- 底布 ×1（前片、後片同布）
- 貼布配色布 ×9 色
- 滾邊布 ×1
- 鋪棉 ×1
- 胚布 ×1
- 裡布 ×1
- 繡線 ×2
  （米白色＋咖啡色 ×1）
- 釦子 ×2
- 娃娃頭髮 ×1
- 1.2cm 包釦 ×2 顆
- 鑰匙圈 ×1
- 皮繩 35cm×1

① 依紙型裁剪表布（前、後片），紙型有標示縫份的部分為已含縫份，底部未標縫份均需外加，前片表布依圖示貼布縫順序完成圖案（貼布圖未含縫份）。

※前、後片表布不需先裁出袋型，待圖案及鋪棉壓線完成後，再描繪外框留出縫份，修剪成袋型。

② 將表布＋鋪棉＋胚布（前、後片分別完成）三層疊合並進行壓線（前片貼布圖形進行落針壓線，後片壓線可壓直紋或橫紋），並依圖示完成繡圖、縫上造型釦及娃娃頭髮。

③ 依紙型裁裡布（前、後片），裡布下緣開口處需留1cm縫份。

④ 壓線完成的表布（前、後片）與裡布（前、後片），正面相對底部車合縫份（前、後片單獨完成）修剪鋪棉及縫份翻至正面整燙，表布與裡布背面相對，外圍疏縫一圈，再分別將前、後片表布完成0.7 cm滾邊（底部不需滾邊）。

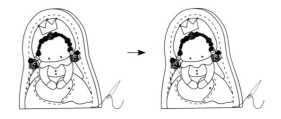

⑤ 滾邊完成的前、後片兩側對針縫合，單邊縫至止點時，置入完成的鑰匙環再從止點對針縫至底部即完成。

※鑰匙環製作：1.2cm包釦×2顆先包上滾邊相同布片，將皮繩對摺成2條，置入鑰匙圈，將皮繩從皮繩口穿出拉緊，打結處縫幾針固定，再將皮繩上方縫合固定，固定處以包釦包覆裝飾，吊繩即完成。

※袋款為不對稱圖案，前片紙型與後片記得要反向繪製喔！

包釦

P.48 西瓜娃娃 & 貓咪小壁飾

完成尺寸：30cm×22.5cm　　　　　　　　紙型／B面
縫份說明：紙型已含滾邊縫份，各色貼布縫用布（縫份外加）。

材料

- 表布 ×1
- 貼布配色布 ×10
- 滾邊布（含掛耳布）×1
- 鋪棉 ×1
- 裡布 ×1
- 娃娃頭髮 ×1
- 造型釦 ×2
- 黑色珠釦 ×6
- 繡線 ×1（米白色）

---

❶ 依紙型裁剪表布及各色貼布縫用布（縫份外加），表布依圖示貼布縫順序完成表布圖案。

❷ 將表布＋鋪棉＋裡布三層疊合進行壓線，圖形部分進行落針壓線，依圖示完成繡圖及娃娃頭髮、縫製造型釦。

❸ 製作掛耳，裁剪掛耳布9.5cm×16cm×3，16cm摺4褶，左右各往內摺4cm，再對摺成9.5cm×4cm，兩側壓0.1cm裝飾線，再對摺成4.7cm×4cm，依相同尺寸製作3個掛耳。

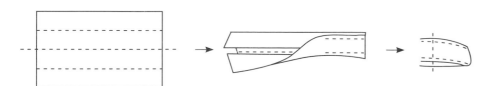

❹ 依紙型畫出掛耳位置（畫於裡布），將掛耳固定於裡布上，開口朝上固定，四周縫上0.7 cm滾邊一圈，小壁飾即完成。

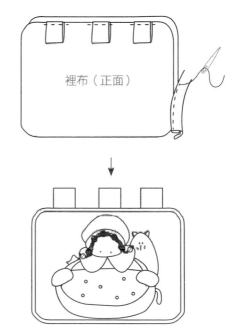

裡布（正面）

P.18 花樣年華娃娃口金包

完成尺寸：10.5cm×16cm（最寬）　　　紙型／A面

縫份說明：紙型為完成尺寸，縫份均需外加。

材料

- 表布 ×2（前、後片）
- 貼布配色布 ×13
- 鋪棉 ×1
- 胚布 ×1
- 裡布 ×1
- 布襯 ×1
- 口金 ×1
- 娃娃頭髮 ×1
- 繡線 ×2(咖啡色＋黃色)
- 造型釦 ×2

❶ 依紙型裁剪表布（前、後片紙型相同）及各色貼布縫（縫份均需外加），再依圖示貼布縫順序完成表布圖案。

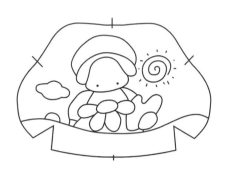

❷ 將表布＋鋪棉＋胚布三層疊合並進行壓線（前、後片分別完成），貼布部分進行落針壓線，後片壓線依喜好完成（壓圓形或線條），前、後表布壓線完成後，依圖示完成繡圖及縫上娃娃頭髮、造型釦，再依圖示完成袋身打褶縫製。

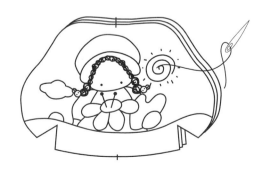

❸ 依紙型裁剪裡布（前、後片紙型相同）及布襯（前、後片，布襯不留縫份），裡布燙上布襯，完成袋身打褶縫製。

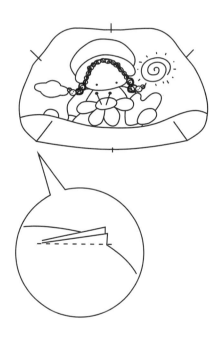

❹ 將前片壓線完成的表布與燙上布襯的裡布正面相
對,弧度開口縫合止點至止點,後片表布與裡布作
法相同,修剪縫份(鋪棉縫份全修掉),弧度部分
剪牙口。攤開成一整片,前、後表袋正面相對組合
袋身至止點,裡袋作法相同。正面相對組合袋身
至止點,組合裡袋時,袋底需留6cm不縫合作為返
口。

❺ 組合成袋後,修剪周圍縫份,鋪棉縫份全修掉,袋
身弧度部分剪牙口,再從裡袋預留的返口將正面翻
出,整燙後,再將返口以捲針縫縫合,袋身完成,
完成口金縫製。

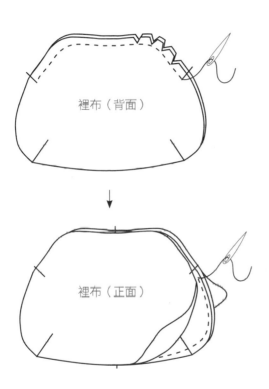

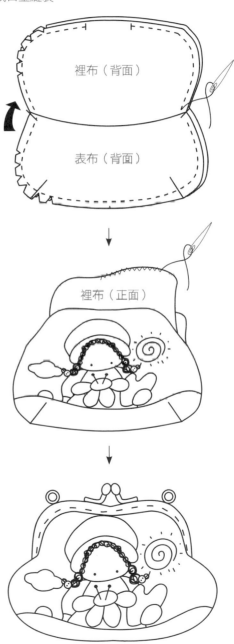

P.20 冰淇淋女孩隨身包

完成尺寸：10.7cm×16.5cm　　　　　紙型／A面

縫份說明：紙型為完成圖尺寸，滾邊已含縫份，拼接布片
　　　　　a、b及貼布縫布片縫份均需外加。

材料	
• 表布 ×2	• 繡線 ×1
• 貼布配色布 ×12	• 娃娃頭髮 ×1
• 鋪棉 ×1	• 拉鍊 15cm×1
• 胚布 ×1	• 小 D 環 ×1
• 裡布 ×1	• 吊飾 ×1
• 布襯 ×1	• 造型小釦 ×3
• 滾邊布（含 D 環布）×1	

---

❶ 依紙型裁剪表布（a、b）及貼布縫用布，表布a依
貼布縫順序完成圖案，再與表布b接合成表布A。

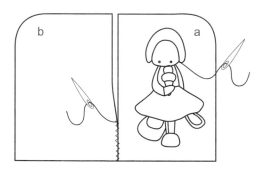

❷ 將表布A＋鋪棉＋胚布三層疊合並進行壓線，圖形
部分進行落針壓線，其餘部分依圖示縫上娃娃頭髮
及造型釦，並完成表布繡圖，完成表布A。

❸ 依紙型裁剪裡布及布襯，裡布燙上布襯。

❹ 製作D環布耳，裁7.4cm×4cm，兩側對摺0.7cm縫
份再對摺成7.4cm×1.3cm，壓上0.1cm裝飾線，將
D環穿入，對摺成3.7cm×1.3cm，開口處以平針
縫縫合固定。

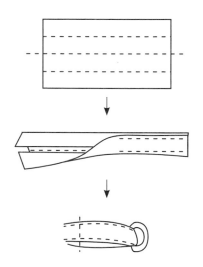

⑤ 將三層壓線完成的表布，畫出中心點，將製作完成
的 D 環布耳放在表布中心位置，以平針縫固定。

⑥ 裡袋與表袋背面相對，完成0.7 cm滾邊。

⑦ 依紙型位置接合拉鍊，並以捲針縫（或對針縫）將
袋身縫至止點，即完成隨身包。

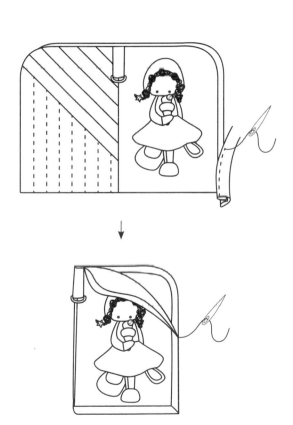

P.22 甜點派對娃娃雙層隨身包

完成尺寸：16cm×11cm（高）　　　　　　紙型／A面
縫份說明：紙型含滾邊縫份，其餘縫份均需外加。

<table>
<tr><td colspan="2" align="center">材料</td></tr>
</table>

材料

- 表布 ×2（前、後片）
- 棉麻布 ×1
- 貼布配色布 ×12
- 滾邊 ×1
- 鋪棉 ×1
- 胚布 ×1
- 裡布 ×1
- 布襯 ×1
- 繡線 ×1（咖啡色）
- 小釦子 ×2
- 娃娃頭髮 ×1
- 拉鍊 15cm×1
- 拉鍊皮片 ×1

❶ 依紙型（有圖案的部分為表袋，前、後片尺寸相同，無圖案部分為裡袋），依〔紙型圖一〕裁剪前片表布×1、後片表布×1及各色貼布用布（紙型除了滾邊已含縫份，其餘縫份均需外加），鋪棉×2（前、後片）、胚布×2（前、後片）、裡布×2（前、後片）、布襯×2（前、後片），完成前片圖案，再分別與鋪棉及胚布疊合後壓線（壓線：圖形進行落針壓線，其餘可壓直紋、橫紋或圓形），再完成繡圖及縫上娃娃頭髮、造型釦。將後片表布＋鋪棉＋胚布三層疊合、整燙後壓線，裡布燙上布襯（布襯不留縫份）備用。

❷ 壓線完成的表布與燙上布襯的裡布正面相對縫合一圈，口緣不需縫合，前、後片作法相同。修剪鋪棉縫份（全部修掉），袋身弧度剪牙口，由正面翻出，整燙，先縫上單邊0.7cm滾邊，記得滾邊左右先各留1cm（包邊用）再開始車縫，完成包邊及滾邊縫製，前、後片表袋單獨完成。

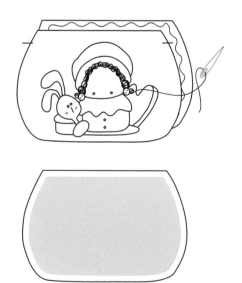

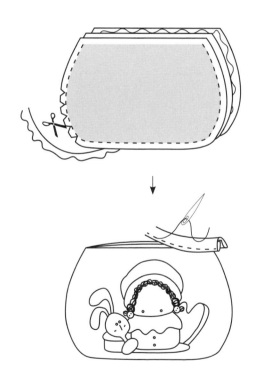

❸ 依〔紙型圖二〕裁剪裡布×2、布襯×2（布襯不
留縫份），裡布燙上布襯，另裁剪點點棉麻布〔紙
型圖二〕×2，點點棉麻布與燙上布襯的裡布正面
相對，縫合至紙型圖示的返口止點，袋身弧度剪牙
口，由正面翻出，整燙後縫合返口，2片分別完成
後，正面（點點布對點點布）相對，裡布畫上口袋
記號線，從中往左右兩邊車縫冂字形，內口袋完
成。

❹ 組合袋型，表袋前片與內口袋（重點：點點布為正
面）相對（另一內口袋請先內摺才不會縫到），將
內口袋位置對在捲針縫起止點處，將袋身捲針縫
合，可以夾子輔助固定袋身，捲針縫完成後，由正
面翻出，另將表袋後片與另一點點布裡袋正面相
對，裡袋放好位置後以夾子固定，以捲針縫縫合袋
身，完成後翻至正面，進行整燙，並縫上拉鍊，拉
鍊尾端以皮片裝飾，雙層包即完成。

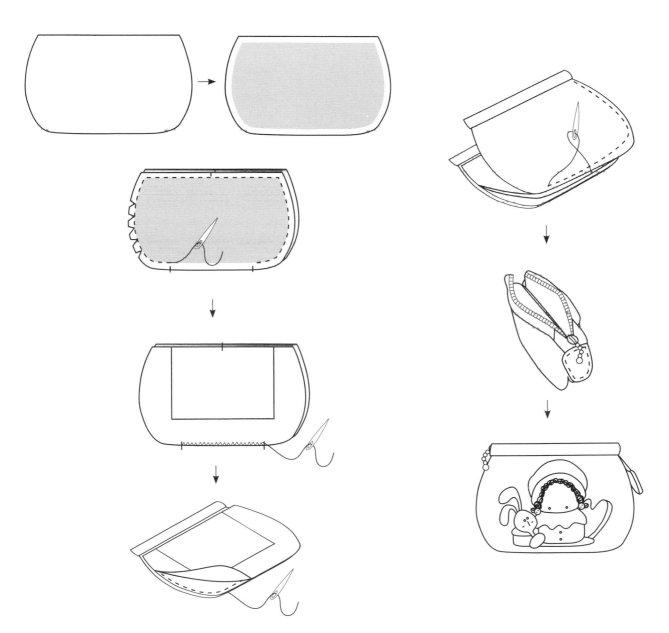

P.24 雪屋娃娃雙層口金包

完成尺寸：14cm×9.5cm（高）　　　　紙型／A面

縫份說明：紙型未含縫份，均需外加。

材料	
• 表布 ×2	• 棉麻布 ×1
（前、後片）	• 布襯 ×1
• 貼布配色布 ×15	• 釦子 ×2
• 鋪棉 ×1	• 娃娃頭髮 ×1
• 胚布 ×1	• 12cm 口金 ×1
• 裡布 ×1	• 米白色繡線 ×1

❶ 依紙型（有圖案的部分為表袋，前、後片相同，無圖案部分為裡袋），依表袋紙型裁剪前片貼布表布×1、後片表布×1及各色貼布用布，鋪棉×2（前、後片）、胚布×2（前、後片）、裡布×2（前、後片）、布襯×2（前、後片），完成前片圖案貼布縫，再分別與鋪棉及胚布疊合後壓線（壓線：圖案進行落針壓線，其餘可壓直紋、橫紋或圓形），縫上娃娃頭髮及造型釦。將後片表布＋鋪棉＋胚布三層疊合後壓線，裡布燙上布襯（布襯不留縫份）備用。

❷ 壓線完成的表布與燙上布襯的裡布正面相對，袋身縫合一圈（袋口口緣不縫合），修剪袋身鋪棉縫份，袋身弧度剪牙口，從袋口口緣將正面翻出，口緣處的鋪棉縫份需修掉，縫份內摺藏針縫縫合口緣，前、後片作法相同。

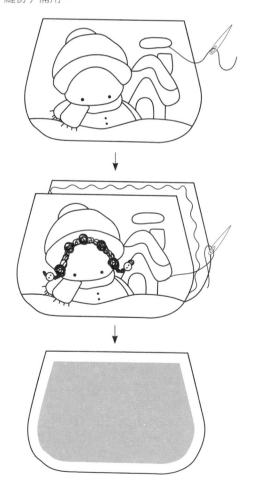

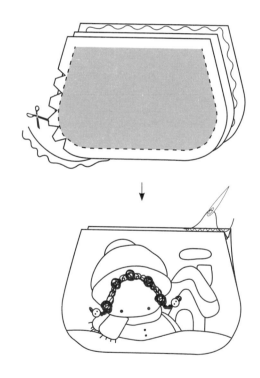

❸ 依裡袋紙型裁剪裡布×2、布襯×2（布襯不留縫份），裡布燙上布襯，另依裡袋紙型裁2片（棉麻布），不燙布襯，再將未燙布襯的裡袋布（棉麻布）與燙上布襯的裡袋布（裡布）正面相對，縫合袋身至紙型圖示的返口止點，袋身弧度剪牙口，由正面翻出，整燙後縫合返口，2組裡袋組合完成。將沒燙布襯的裡袋布（棉麻布）正面相對，背面畫出內口袋位置記號線，從中往左右兩邊車縫冂字形，內夾層口袋完成。

❹ 組合袋型，前片表袋與沒燙襯的裡布裡袋（棉麻布）正面相對（另一裡袋請先內摺才不會縫到），將裡袋放置在捲針縫（或對針縫）起止點處，進行袋身捲針縫（或對針縫）縫製，可以夾子輔助固定袋身，捲針縫（或對針縫）縫完成後，正面翻出，另將表袋後片與另一沒燙襯的裡袋（棉麻布）正面相對，一樣將裡袋放好位置後，以夾子固定，捲針縫（或對針縫）縫袋身，完成後翻至正面，整燙後，找出中心點，縫上一字形口金即完成。

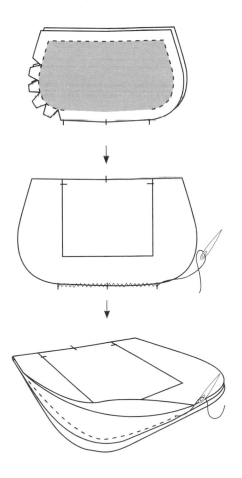

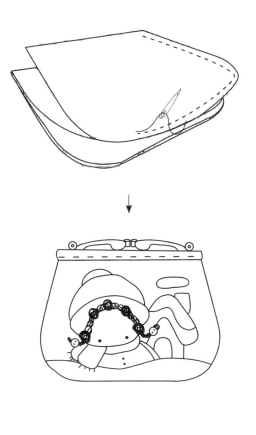

P.28 南瓜小魔女袋中袋隨身包

完成尺寸：16cm×13cm×4cm（底寬）　　紙型／B面
縫份說明：圖形已含滾邊縫份，兩側縫份需外加。

❶ 依紙型裁剪表布a、b、c及各色貼布用布（縫份均需外加），表布a依貼布縫順序完成圖案，與表布b、c接合成一整片，完成表布A。

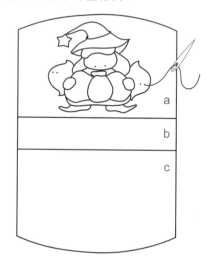

❷ 將表布A＋鋪棉＋胚布三層疊合並進行壓線（壓線：圖案進行落針壓線，後片可壓直紋、橫紋或圓形），並依圖示完成回針繡（1股），壓線完成後請再合一次紙型，修剪多餘縫份，表袋兩側縫合，並縫合4cm三角袋底（修剪縫份留至0.7cm）。

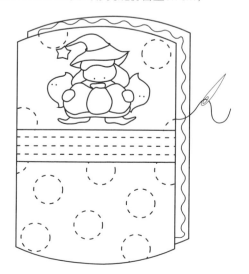

❸ 裁裡袋裡布（尺寸：30×20cm，滾邊已含縫份，兩側縫份需外加0.7cm）及布襯（尺寸：30×20cm滾邊已含縫份，兩側縫份外加0.7cm），裡布燙上布襯。

❹ 裁剪內拉鍊口袋用布，裁裡布（尺寸：19.5cm×18cm×2），布襯（尺寸：18cm×16cm×2），裡布燙上布襯，夾車拉鍊，正面翻出整燙完成，兩側各壓縫一道0.5cm固定線，裡袋拉鍊口袋完成（完成尺寸：18cm×9cm）。

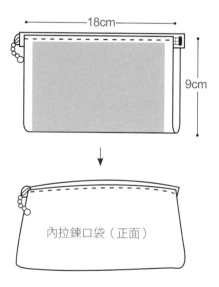

內拉鍊口袋（正面）

⑤ 裡袋畫出內口袋位置（記號線向下9cm處也畫上記號，兩側分別標示），標示的記號線即為裡袋拉鍊口袋縫合位置起止點。

⑥ 將完成的內袋拉鍊口袋，單邊先與裡袋（原先已畫好的裡袋拉鍊口袋記號線縫份線對齊，可疏縫暫時固定。）再將裡袋正面相對（對摺），單邊縫份夾車縫合（從口緣向下車縫至9cm裡袋止點回針），另一邊處理方式相同，將拉鍊口袋夾車完成，兩側分別縫合4cm三角底，三角底修剪縫份留至0.7cm，三層裡袋即完成。

⑦ 表袋完成單邊0.7cm滾邊，再翻出三角底與裡袋三角底縫合固定後，將裡袋套入表袋，袋緣疏縫一圈暫時固定，再將另一滾邊縫合完成，縫上拉鍊即完成。

（正面）

1cm

9cm

9cm

4cm

P.30 馬戲團直立式筆袋

完成尺寸：18.5cm×22.5cm×7cm（底寬） 紙型／A面、B面
縫份說明：圖形已含滾邊及車縫縫份。

	材料	

- 表布 A×1
- 表布 B×1
- 擋布 ×1
- 貼布配色布 ×14
- 滾邊布 ×1
- 鋪棉 ×1
- 胚布 ×1
- 裡布 ×1

- 布襯 ×1
- 25cm 拉鍊 ×1
- 咖啡繡線 ×1
- 娃娃頭髮 ×1
- 小釦子及愛心釦 ×6
- 白色小毛球 ×1
- 皮片 ×1
- 皮製吊飾 ×1

❶ 依紙型A裁剪表布及各色貼布縫用布（縫份外加），表布依貼布縫順序完成圖案，取表布＋鋪棉＋胚布三層疊合並進行壓線，圖案外框進行落針壓線，其餘可自依喜好，縫上娃娃頭髮及造型釦，完成繡圖。

❹ 依紙型B（與P.32共用）裁剪袋底布及裡布（不燙布襯），將底布＋鋪棉（不留縫份）＋胚布三層疊合並進行壓線，壓線完成後再與裡布正面相對，四周縫合，返口處不縫合，將正面從返口處翻出，整燙後將返口處以藏針縫縫合，袋底即完成。

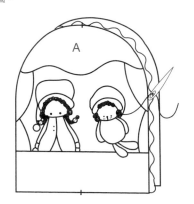

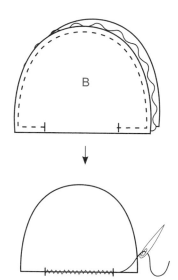

❷ 依紙型A裁剪裡布及布襯，裡布燙上布襯。

❸ 壓線完成的表布與裡布正面相對，下緣縫份車合，修剪鋪棉及布襯縫份（全部修掉），翻至正面，U字形滾邊一圈，U形兩端滾邊需多各留1 cm，作為包邊用，滾邊布另一頭暫不縫合。

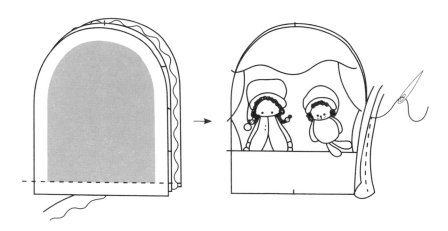

❺ 裁剪擋布：10.5cm×20cm，對摺燙摺成10.5cm×10cm，上緣壓0.1cm裝飾線，下緣完成0.7cm滾邊，擋布即完成。

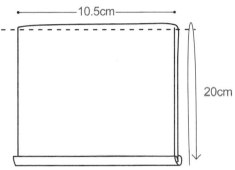

10.5cm

20cm

❻ 依紙型畫出擋布位置，將擋布置入，與滾邊再次車合固定，即可將另一邊滾邊縫製完成。

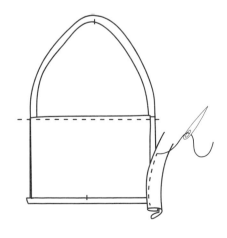

❼ 立體筆袋袋身完成後，再與完成的袋底四周以藏針縫（或對針縫）縫合固定成袋底。

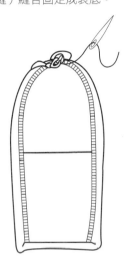

❼ 縫上拉鍊，拉鍊尾端縫上皮片，立體筆袋即完成。

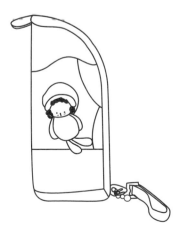

P.34 耶誕派對娃娃長夾包

完成尺寸：21cm×31cm（展開尺寸）　　　紙型／A面
縫份說明：紙型為原尺寸，縫份已內含，壓線前縫份可多
　　　　　留，壓線完成後再修剪成圖示尺寸。

<table>
<tbody>
<tr><td colspan="2" align="center">材料</td></tr>
</tbody>
</table>

• 底布 ×2（含縫份尺寸：	• 裡布 ×1
a： 23cm×14cm，	• 繡線 ×2
b： 23cm×21cm，	（咖啡色＋米白色）
a+b 完成尺寸 23cm×33cm，	• 娃娃頭髮 ×1
壓線完成後修尺寸為 21cm×31cm）	• 拉鍊 15 cm ×1
• 貼布配色布 ×15	• 造型釦 ×3 顆
• 滾邊布 ×1	• 皮片磁釦 ×1 組
• 鋪棉 1	• 咖啡色小毛球 ×1 顆
• 胚布 ×1	

❶ 依紙型裁剪表布×2（含縫份尺寸：a：23cm×14cm，
b：23cm×21cm），前片表布a依圖示位置及貼布
縫順序完成圖案，並與後片表布b拼接成一整片（a
＋b完成尺寸：23cm×33cm，壓線完成後再合版
型，修剪至完成尺寸為21cm×31cm）。

❷ 將表布＋鋪棉＋胚布三層疊合後並進行壓線（圖案
部分進行落針壓線，其餘可以圓形板壓圖案），並
依圖示縫上娃娃頭髮，完成繡圖（2股），縫上造
型釦，表布完成。

❸ 裁剪夾層裡布（21cm×86cm），依夾層尺寸圖將夾
層燙摺好，燙摺好的夾層口緣需壓一道0.1cm裝飾
線，夾層裡袋完成後再與壓線完成的表布（背面相
對）四周疏縫一圈，暫時固定成表袋，表袋可先縫
上0.7 cm滾邊（滾邊另一側暫不縫合）。

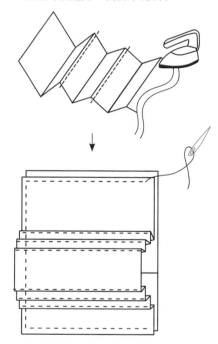

❹ 製作內拉鍊口袋，裁裡布（18cm×17cm）
×2，夾車拉鍊，拉鍊口袋完成（完成尺寸：
18cm×7.5cm），兩側開口車縫合，縫份0.5cm。

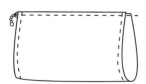

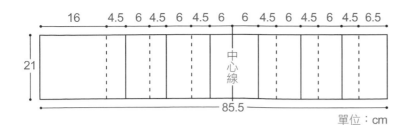

| 16 | 4.5 | 6 | 4.5 | 6 | 4.5 | 6 | 6 | 4.5 | 6 | 4.5 | 6 | 4.5 | 6.5 |

21

中心線

85.5

【夾層尺寸圖】

- - - - - 谷摺
———— 山摺

單位：cm

❺ 製作側身擋布，裁裡布（13cm×17cm）
×2，正面相對，於開口處畫上0.7cm
縫份縫合一道，翻至正面，整燙後上
緣壓.0.1cm裝飾線，擋布完成尺寸為
13cm×7.75cm×2，於擋布畫出中心線及
0.7cm縫份記號線。

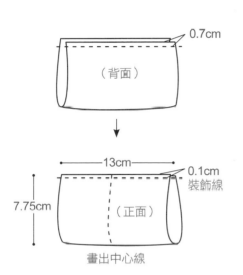

0.7cm

（背面）

13cm

0.1cm
裝飾線

7.75cm

（正面）

畫出中心線

❻ 找出擋布位置（中心點往左往右各0.75cm
處，紙型圖示有標示位置記號線），將擋
布車縫固定於袋上（0.7cm縫份處），再
沿滾邊縫線車縫一圈，滾邊另一側即可縫
上。

❼ 最後將拉鍊口袋固定於擋布上，將完成的拉鍊口袋單側置
於單側擋布中心線一起夾車0.7cm，另一側作法相同。依
圖示畫出磁釦記號線，縫上磁釦，掀蓋式長夾包即完成。

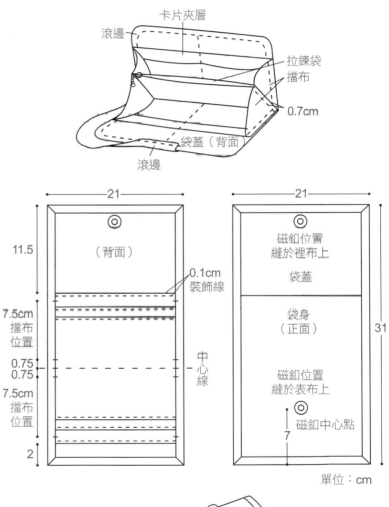

卡片夾層

滾邊

拉鍊袋
擋布

0.7cm

袋蓋（背面）

滾邊

21

11.5

（背面）

0.1cm
裝飾線

7.5cm
擋布
位置

0.75
0.75

中心線

7.5cm
擋布
位置

2

21

磁釦位置
縫於裡布上

袋蓋

袋身
（正面）

31

磁釦位置
縫於表布上

磁釦中心點

7

單位：cm

P.36 繽紛耶誕精靈口金包

完成尺寸：12.5cm×14cm　　　　　紙型／B面
縫份說明：紙型為原尺寸，縫份均需外加。

材料	
• 表布 a×1	• 裡布 ×1
• 表布 b×1	• 布襯 ×1
• 表布 c×1	• 10 cm 一字型口金 ×1
• 表布側身布 ×1	• 繡線 ×1（咖啡色系）
• 貼布配色布 ×13	• 娃娃頭髮 ×1
• 滾邊布 ×1	• 蕾絲緞帶 ×1
• 鋪棉 ×1	
• 胚布 ×1	

❶ 依紙型裁剪表布a、b（紙型b需摺雙）、c（同a紙型），側身用布×2片及各色貼布用布（縫份均需外加），表布a依圖示貼布縫順序完成圖案。

❸ 將2片側身用布分別與鋪棉、胚布三層疊合並進行壓線。

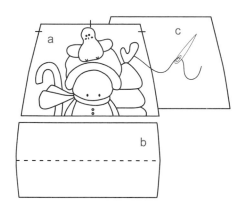

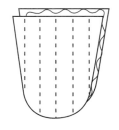

❷ 將表布（a、b、c相接成完整表布）＋鋪棉＋胚布，三層疊合並壓線，圖案進行落針壓線，其餘可壓圓形或直線，縫上娃娃頭髮、造型釦，依圖示完成繡圖，縫上蕾絲緞帶。

❹ 依紙型裁剪袋身裡布（a＋b＋c）×1及側身裡布×2，布襯相同尺寸，裡布燙上布襯（布襯不留縫份）。

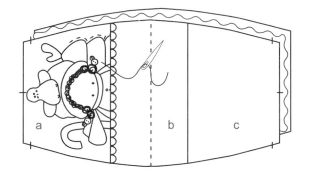

⑤ 壓線完成的表袋與燙上布襯的裡袋，正面相對上下端分別車合
縫份，再由側身將正面翻出，修剪鋪棉縫份（全部修掉）並整
燙，翻至正面的袋身左右疏縫固定，再製作左、右側身布，側
身表布與裡布正面相對，上緣縫份車合，修剪鋪棉（全部修
掉），翻至正面，袋口邊緣車縫一道0.1cm壓線，周圍疏縫一
圈暫時固定。

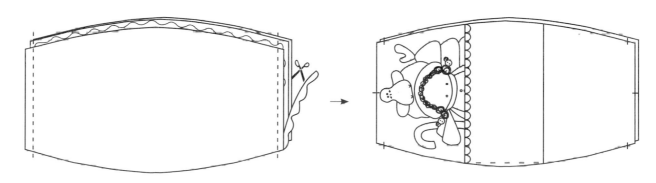

⑥ 依圖示找出表袋側身接點，並與左、右側身組合成袋。組合
時縫份朝外（製作外滾邊）成袋後，左、右分別完成0.7cm滾
邊，U形兩端滾邊需各別多留1cm，作為包邊用，完成滾邊。
縫上口金，一字口金包即完成。

P.38 草莓娃娃 & 喜羊羊側背包

完成尺寸：32cm×24.3cm×8cm　　　　　　　紙型／B面

縫份說明：裁布尺寸圖已含縫份，但實際縫份可多加，壓
　　　　　線完後再裁成所需尺寸。

❶ 依紙型裁剪表布a（尺寸：34cm×26cm，已含
縫份），表布b（尺寸：34cm×10cm，已含
縫份），表布c（尺寸：34cm×26cm，已含縫
份），表布a＋b＋c相接成一完整表布（尺寸：
34cm×58cm，夾車拉鍊及兩側已含縫份），將表
布＋鋪棉＋胚布三層疊合並進行壓線，壓線可壓直
紋、橫紋、圓形，依圖示畫出中間口袋位置記號
線。

❸ 依圖示裁剪袋身裡布34cm×58cm（已含縫份）
及布襯34cm×56.6cm（夾車拉鍊處，上下不加
0.7cm縫份），裡布燙上布襯。

❹ 依圖示將已完成的外口袋以藏針縫固定於表袋上，
止點請參考紙型標示。

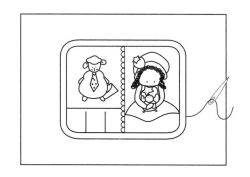

❷ 依紙型裁剪口袋表布，及各色貼布縫用布，再依圖示貼布縫順
序完成口袋表布圖案，將表布＋鋪棉＋胚布三層疊合並進行壓
線，圖形全部進行落針壓線，縫上娃娃頭髮及造型釦，依圖示
完成繡圖，裁裡布及布襯，裡布燙上布襯，壓線完成的口袋表
布依圖示縫上蕾絲，取表布、裡布背面相對滾邊一圈，袋外口
袋完成。

【裁布尺寸圖】

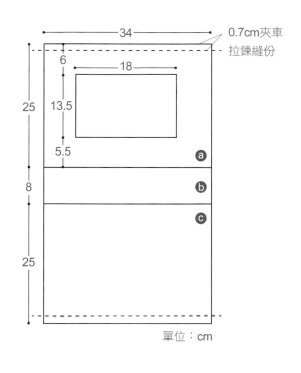

34　　　0.7cm夾車
拉鍊縫份

6

18

25

13.5

5.5

ⓐ

ⓑ

8

ⓒ

25

單位：cm

⑤ 表袋與裡袋口緣夾車拉鍊，夾車拉鍊可以水溶性雙面膠作為固定，單邊拉鍊與表袋、裡袋夾車完成後，將鋪棉縫份修剪，翻至正面整燙，另一邊作法相同，夾車拉鍊完成。

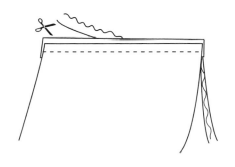

⑥ 拉鍊夾車完成後，將表袋與裡袋分別拉開，表袋兩側縫合，畫出三角底記號線，完成8cm三角底縫製，裡袋兩側縫合，裡袋單側需留8至10cm作為返口不縫合，畫出三角底記號線，完成8cm三角底縫製，完成後，從預留的返口將正面翻出，縫合返口。

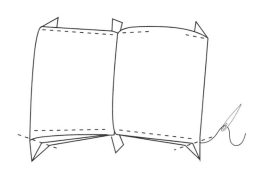

⑦ 袋身兩側近拉鍊上緣，縫上小D環皮片，勾上織帶背帶，側背包即完成。

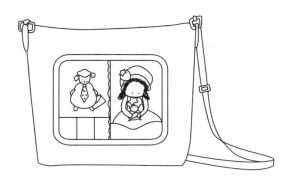

P.40 貓頭鷹的幸福回憶肩背包

完成尺寸：31cm×21cm×8cm（底寬）　　　紙型／B面
縫份說明：紙型為完成尺寸，縫份均需外加。

材料	
• 前表布＋後表布 ×1	• 裡布 ×1
• 貼布縫布 ×21	• 布襯 ×1
• 袋底布 ×1	• 咖啡色繡線 ×1
• 配色布 ×14	• 釦子 ×2
• 鋪棉 ×1	• 35cm 拉鍊 ×1
• 胚布 ×1	• 66cm 皮製提把 ×1

❶ 依紙型裁剪表布（前、後片）貼布縫用布及袋底
（縫份均需外加），前片表布依圖示完成圖案。

❷ 前、後表布及袋底分別依表布＋鋪棉＋胚布三層疊
合後進行壓線，貼布圖案部分進行落針壓線，其餘
可壓格子、條紋或圓形壓線。壓線完成後，依圖示
縫上造型釦及完成繡圖，再次確認版型尺寸，修剪
多餘縫份，左右各留1cm縫份（袋口口緣留0.7cm
滾邊縫份）。

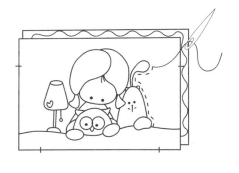

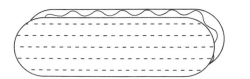

❸ 依圖示尺寸裁裡布及布襯，裡布燙上布襯。

❹ 壓線完成表布（前、後及袋底）組合成袋（左右兩
側先接合，再畫出記號線將袋底縫合），裡布作法
相同。

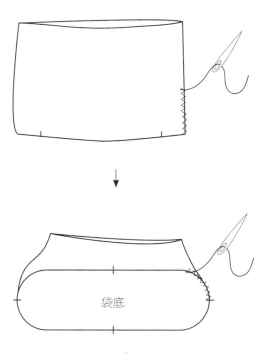

袋底

❺ 表袋完成0.7cm滾邊，縫上拉鍊（由左至右），將裡袋放入，縫份內摺後固定於拉鍊上。

❻ 縫上皮製提把，由於提把縫片較寬，若先縫上則拉鍊較不好縫，所以請將包包完成再縫上提把，縫製提把的地方，請裁剪裡布布片，以貼布縫將縫線遮住，肩背包即完成。

※袋底可自行加上塑膠片增加硬度，依袋底紙型裁剪塑膠片再以胚布包覆，縫合固定於袋底即可。

P.42 幸福滿點烘焙娃娃側背包

完成尺寸：26至29cm×26cm×10cm（底寬）紙型／C面
縫份說明：紙型為完成尺寸，縫份均需外加。

材料

- 前片表布 ×2
  （含貼布縫14片用布）
- 後片表布 ×1
- 側身表布 ×1
- 貼布配色布 ×16
- 鋪棉 ×1
- 胚布 ×1
- 裡布 ×1
- 布襯 ×1
- 滾邊 ×1
- 繡線 ×1
- 拉鍊 30cm×1
- 側背皮片 ×2 個
- 拉鍊皮片 ×2 個

❶ 依紙型裁剪前片表布並依圖示貼布縫順序完成圖案
為表布A，依紙型（同前片表布）裁剪後片表布為
表布B，依紙型裁剪側身表布為表布C。

❷ A、B、C分別（表布＋鋪棉＋胚布）三層疊合後進
行壓線，貼布圖形部分進行落針壓線，其餘可壓圓
形、菱格或圖示，依圖示完成繡圖。

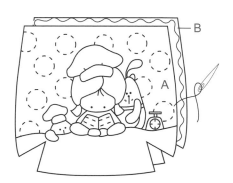

❸ 依紙型裁剪A、B、C尺寸裡布及布襯（縫份均需外
加），裡布燙上布襯。

❹ 依口布尺寸裁剪口布表布、裡布及布襯，並將表布
及裡布分別燙上布襯，找出中心點，完成口布拉
鍊，拉鍊前後分別縫上皮片裝飾。

※口布表布尺寸：24 cm×4cm×2片（已含縫份）
　口布裡布尺寸：24 cm×4 cm×2片（已含縫
　份）、口布布襯尺寸：22 cm×2 cm ×2片

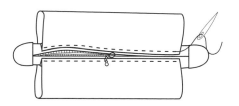

❺ 分別將表袋及裡袋依圖示完成袋身打褶，縫製組合成袋。表袋完成後，單邊完成0.7cm滾邊，另一邊暫不縫合，側身依圖示位置縫上D環皮片，裡袋套入表袋中，疏縫一圈暫時固定，找出袋身中心點將口布固定於裡袋上，整圈口緣車合一圈，再完成另一滾邊縫合即完成。

※組合袋身時，請記得側身與前、後片結合要從中心點往左右兩邊縫製喔！

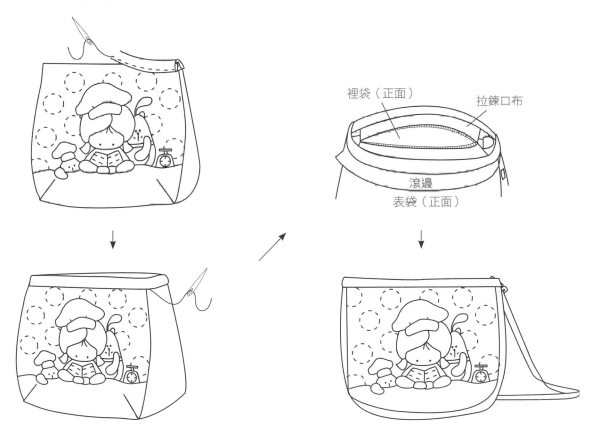

裡袋（正面）　　拉鍊口布

滾邊

表袋（正面）

P.44 萬聖節魔女派對口金包

完成尺寸：26cm×23cm×6cm（底寬）　　紙型／C面
縫份說明：紙型為完成尺寸，縫份均需加。

材料

- 表布 ×3　　　　　　　• 裡布 ×1
  （前 a、後 b、底 c）　• 布襯 ×1
- 配色布 ×20　　　　　• 25cm 口金 ×1
- 鋪棉 ×1　　　　　　　• 繡線 ×2
- 胚布 ×1　　　　　　　　（米白色、咖啡色）

❶ 依紙型裁剪各色布（前a、後b、底c、貼布縫各色布，縫份均需外加），再依圖示貼布縫順序完成前片表布a圖案，再將表布a＋c＋b拼接成一整片表布A。

❹ 將表袋A與裡袋正面相對，上下端分別縫合止點至止點，修剪縫份（鋪棉及布襯縫份全部修掉）。

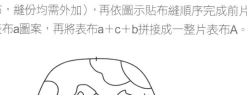

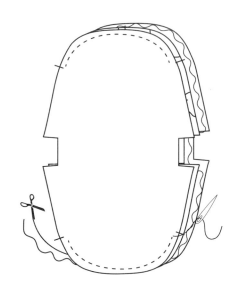

❷ 將表布A＋鋪棉＋胚布三層疊合後壓線，貼布部分進行落針壓線，其餘部分壓線依喜好即可（壓圓形或線條），依圖示完成繡圖。

❸ 依紙型（a＋c＋b）裁裡布及布襯，裡布燙上布襯。

❺ 表袋Ａ兩側組合成袋，縫合6cm三角底，裡袋兩側
一樣組合成袋，但單側側身要預留8cm作為返口不
縫合，縫合6cm三角底，修剪多餘縫份。

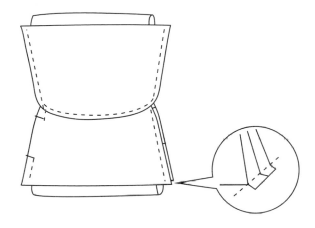

❻ 利用裡袋預留的返口將正面翻出，正面翻出整燙
後，再將裡袋預留的返口以藏針縫縫合，完成口金
縫製。

※縫上口金要先找出中心點，縫的時候以點進點出
的方式，僅讓裡布看到一點點縫線，如此裡袋看
起來也會更完美。

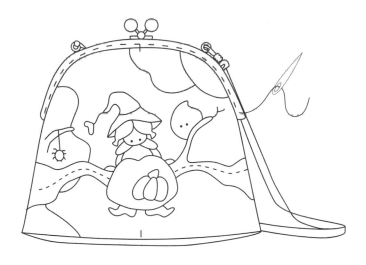

P.46 祝福滿載的耶誕娃娃側背包

完成尺寸：28cm×27cm×8cm（底寬）紙型／C面

縫份說明：紙型已含滾邊縫份，未滾邊的縫份（夾車拉
鍊縫份）需外加。

---

❶ 依紙型裁剪表布（前、後片）、口袋表布、側身表
布，口袋表布依圖示完成圖案貼布縫。

❷ 將貼布完成的口袋表布＋棉＋裡布三層疊合後進行
壓線，依圖示完成繡圖，縫上娃娃頭髮，上緣先進
行完成0.7cm滾邊。

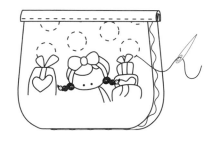

❸ 袋身表布（前、後片）分別與棉、胚布三層疊合後
壓線，壓條紋或菱格或圓形（前袋會被口袋表布遮
蓋住，故可不壓線）。

❹ 裁剪側身表布，側身表布＋棉＋胚布三層疊合後
進行壓線，可壓條紋或菱格線，側身兩端先進行
0.7cm滾邊。

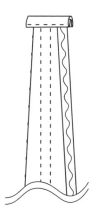

❺ 裁剪袋身前、後片及側身的裡布及布襯，裡布分別燙上布襯（布襯不留縫份）。

表布（前、後片）與裡布（前、後片）夾車拉鍊，夾車拉鍊可以水溶性雙面膠作為固定，單邊拉鍊與表袋裡袋夾車完成，翻至正面進行整燙。另一邊作法相同。夾車拉鍊完成，請將鋪棉修剪掉。

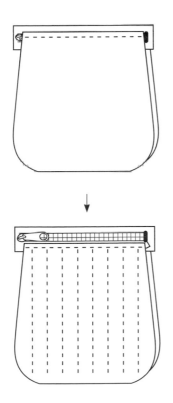

❼ 拉鍊夾車完成，攤開後，前片表袋找出口袋位置，將口袋放上，四周疏縫暫時固定，依圖示（側身接合起止點）組合側身成袋，並完成 0.7cm 滾邊，由於前袋身太多層過厚，袋身組合完成後，請將前口袋的縫份鋪棉修剪掉，滾邊會較好縫製，兩側再縫上D環皮片後即完成。

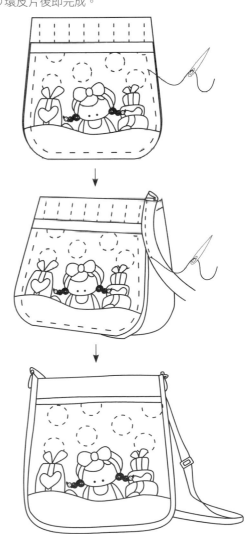

P.50 擁抱愛的小兔室內拖

完成尺寸：25cm（長）×11.5cm（底寬）　紙型／C面

縫份說明：紙型已含縫份，不需外加，貼布圖案縫則
需外加。

材料	
• 表布 ×3	• 滾邊布 ×1
• 貼布配色布 ×13	• 娃娃頭髮 ×1
• 鋪棉 ×1	• 小立釦 ×2
• 胚布 ×1	• 咖啡色繡線 ×1
• 裡布 ×1	

❶ 依紙型分別裁剪表布 a ×2、表布 b ×2、表布 c ×2，及各色貼布縫用布（縫份外加）。表布 a 依貼布縫順序完成表布圖案，將表布 a ＋鋪棉＋胚布三層疊合後進行壓線，沿圖形進行落針壓線，表布 b 及表布 c 也分別與鋪棉＋胚布三層疊合後進行壓線，直紋、橫紋均可。

❷ 依紙型裁裡布 a ×2、b ×2、c ×2。

❸ 組合成鞋，取表布 a 與裡布 a 相接（弧度處），正面相對接合完畢，將鋪棉全部修剪掉，剪牙口，正面翻出，整燙完成，再取表布 b 與裡布 b 相接合（一字型處），正面相對接合完畢，將鋪棉全部修剪掉，正面翻出後進行整燙，再將表布 c 與裡布的背面相對，疏縫一圈暫時固定。

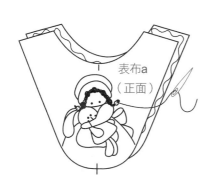

表布a
（正面）

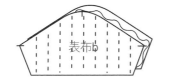

表布b

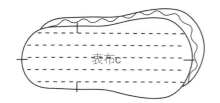

表布c

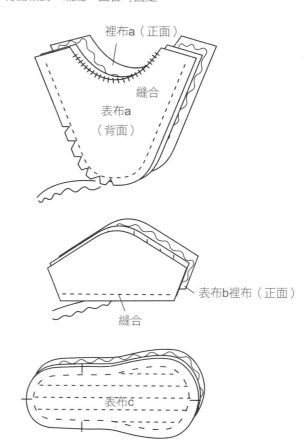

裡布a（正面）

縫合

表布a
（背面）

表布b裡布（正面）

縫合

表布c

④ 將表布 a 與表布 b 正面相對接合，裡布正面相對接合，接合處鋪棉修剪，翻至正面（如圖），四周疏縫一圈，完成一片完整鞋形（無底）。

⑤ 依紙型畫出合印記號線，對好位置，與滾邊整圈縫合，將鞋後跟向下壓，與鞋底藏針縫固定成一片踩腳鞋樣，室內拖即完成。

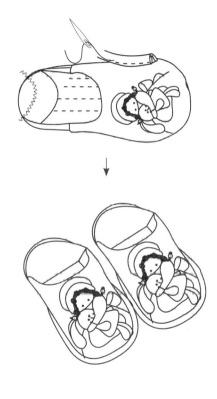

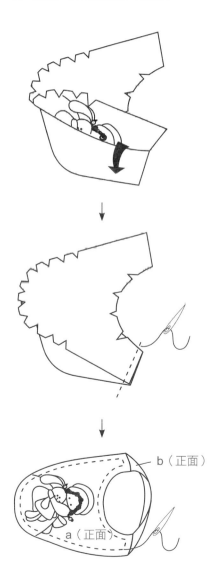

b（正面）

a（正面）

P.52 幸福娃娃八角星 抱枕

完成尺寸：46cm×46cm　　　紙型／B面
縫份說明：均需外加縫份。

材料

- 表布 ×2
- 後片布 ×1
- 裡布 ×1
- 貼布配色布 ×11
- 鋪棉 ×1
- 繡線 ×1（米白色）
- 釦子 ×2
- 娃娃頭髮 ×1
- 2cm 包釦 ×6 個
- 枕心 40cm×40cm
- 滾邊 ×2

❶ 依紙型裁剪表布及各色貼布縫用布（縫份均需外
加）。

❷ 表布a依圖示貼布縫順序完成圖案，再與其他布塊
拼接成前片表布A，將表布A＋鋪棉＋裡布三層疊
合並進行壓線，圖案部分進行落針壓線並依圖示完
成繡圖，縫上娃娃頭髮及造型釦。

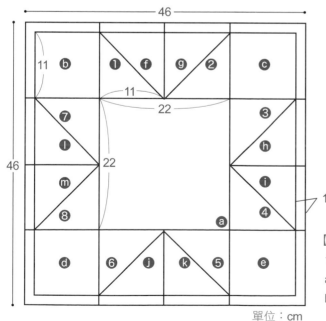

1cm滾邊

【尺寸圖】（縫份外加）
1～8相同布片
a～m相同布片
b、c、d、e 尺寸：11cm×11cm

單位：cm

❸ 裁剪後片表布，尺寸為36.5cm（高）×46cm
（寬）×2片（已含縫份），單邊縫份內摺1 cm再
內摺1 cm，隨即壓一道0.7cm裝飾線，兩片作法相
同，完成尺寸為34.5cm×46cm。

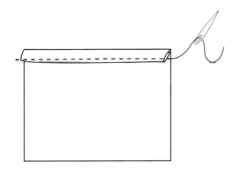

❹ 後片完成後，兩片重疊12cm置放，上下重疊處疏
縫暫時固定，再與壓線完成的表布背面相對，完成
1cm滾邊。

12cm

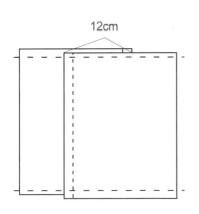

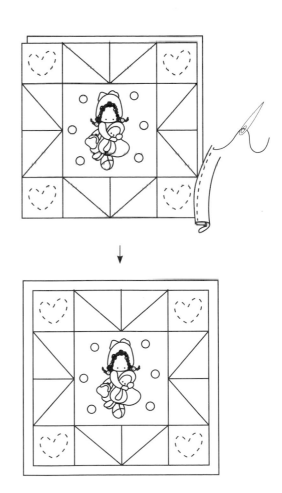

P.54 幸福鄉村娃娃壁飾

完成尺寸：90cm×90cm　　　紙型／C、D面
縫份說明：圖示尺寸未含縫份，均需外加。

材料	
• 表布	• 滾邊
• 配色布	• 娃娃頭髮
• 裡布（後背布）	• 各色造型釦
• 鋪棉	• 繡線 ×2（米白色＋咖啡色）

❶ 依紙型裁剪各色表布及各色貼布縫用布（縫份外加），表布依圖示貼布縫順序完成圖案。

❷ 將單獨完成貼布縫的九宮格表布，拼接成一整片，依尺寸圖接上邊條。

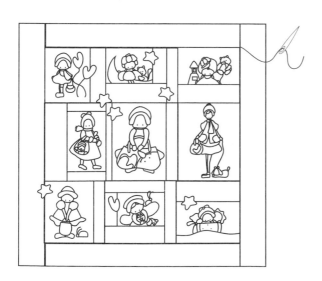

❸ 將拼縫完整的表布＋鋪棉＋裡布三層疊後壓線，圖形部分進行落針壓線，其他壓線可隨意創作，再依圖示完成繡圖及娃娃頭髮，並縫上造型釦作為裝飾。

❹ 四周進行1cm滾邊，壁飾即完成。

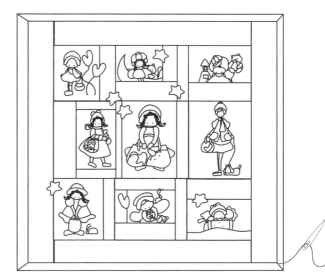

【裁布尺寸圖】

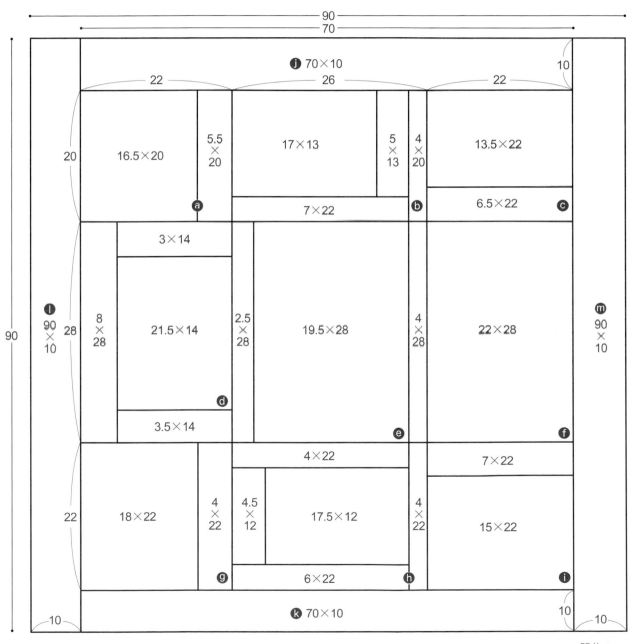

單位：cm

拼布 GARDEN 09

Shinnie の Love
手作生活布調
27 款可愛感滿點の貼布縫小物 collection

作　　　　者／Shinnie
社　　　　長／詹慶和
總　編　輯／蔡麗玲
執　行　編　輯／黃璟安
編　　　　輯／蔡毓玲・劉蕙寧・陳姿伶・白宜平・李佳穎
執　行　美　編／韓欣恬
美　術　編　輯／陳麗娜・周盈汝
作　法　繪　圖／李盈儀
攝　　　　影／數位美學・賴光煜
出　　版　　者／雅書堂文化事業有限公司
發　　行　　者／雅書堂文化事業有限公司
郵政劃撥帳號／18225950
郵政劃撥戶名／雅書堂文化事業有限公司
地　　　　址／新北市板橋區板新路 206 號 3 樓
電　　　　話／(02)8952-4078
傳　　　　真／(02)8952-4084
網　　　　址／www.elegantbooks.com.tw
電　子　信　箱／elegant.books@msa.hinet.net

總經銷／朝日文化事業有限公司
進退貨地址／新北市中和區橋安街 15 巷 1 號 7 樓
電話／（02）2249-7714　傳真／（02）2249-8715

2016 年 06 月初版一刷　定價 480 元

國家圖書館出版品預行編目資料

Shinnie の Love 手作生活布調：27 款可愛感滿
點の貼布縫小物 collection / Shinnie 著 .
-- 初版 . -- 新北市：雅書堂文化 , 2016.06
　　面；　公分 . -- (拼布 garden ; 9)
ISBN 978-986-302-312-8(平裝)

1. 拼布藝術 2. 手工藝

426.7　　　　　　　　　　　　105007733